¿FUE EL UNIVERSO VERDADERAMENTE CREADO POR DIOS?

ALFONSO CASTILLO G.

Copyright © 2018

Alfonso Castillo G.

All rights reserved.

INTRODUCCIÓN:

Siendo estudiante de Filosofía, aún joven y encontrándome frecuentemente a lo largo del estudio de las distintas materias con las aparentes contradicciones entre ciencia positiva y razón; escuchando las objeciones que los positivistas hacen del método tradicional de la Filosofía y también con el rechazo de algunos filósofos y rígidos pensadores por las conclusiones de las nuevas ciencias, enfrentándose entre sí a lo largo de la Historia, al no estar de acuerdo con tal situación, pues desde siempre había intuido de acuerdo a la lógica que la verdad es una y que ésta misma debe resplandecer en todos los planos, no dejando lugar a la contradicción, decidí entonces incursionar también en el campo de las ciencias; Física, Química, Astronomía, hasta conocer sus postulados esenciales, su desarrollo y especialmente sus conclusiones, pero faltaba aún un aspecto muy importante; la confrontación con las afirmaciones de la Fe emanadas de los llamados Libros Sagrados de la Biblia.

Entrado ahora ya en una edad madura y avanzada, mi finalidad en ésto siempre ha sido sincera y honesta, sin supuesto alguno, con la firme intención de aceptar la verdad que buscaba fuere cual fuere ésta.

Del mismo modo, invito al lector a asumir una actitud semejante en la lectura y desarrollo de la presente obra.
El Autor,

Alfonso Castillo G.

ALFONSO CASTILLO G.

CONTENIDO

INTRODUCCIÓN   Pág. 3

CAPÍTULO 1. ¿QUÉ DICE LA CIENCIA?   Pág. 5

CAPÍTULO 2. ¿QUÉ DICE LA FILOSOFÍA?   Pág. 25

CAPÍTULO 3. ¿QUÉ DICE LA BIBLIA?   Pág. 41

RESUMEN. EL ORIGEN DEL UNIVERSO.   Pág. 52

LÁMINA EXPLICATIVA.   Pág. 61

BIBLIOGRAFÍA.   Pág. 64

ACERCA DEL AUTOR.   Pág. 67

CAPÍTULO 1.
¿QUÉ DICE LA CIENCIA?

Empecemos por entender que designa la palabra *CIENCIA*.

CIENCIA = Del Latín *SCIENTIA* de scire que significa *"CONOCER."* Apelemos a algunas definiciones:

<u>La Ciencia</u> son los conocimientos ciertos y verdaderos que el ser humano va adquiriendo al descubrir las constantes en el comportamiento de la naturaleza y tras traducirlas al rigor de formulaciones matemáticas y verificaciones empíricas, se constituyen en leyes, como consecuencia de tal proceso sistemático. <u>Ciencia es todo conocimiento que puede ser demostrado; racional o experimentalmente</u>. En el caso de la demostración racional, reduciendo las proposiciones a la evidencia de los Cuatro Principios Lógicos.

Brevemente; <u>*La Ciencia es conocimiento por causas*</u>. Generalmente, en caso de las Ciencias Naturales, estas causas son próximas y en el caso de la Ciencia Racional, son remotas.

El hecho de que la Ciencia a través del tiempo en su evolución y superación de lo conocido, pareciera no estar de acuerdo siempre con lo anterior, es imputable más bien, a la interpretación de los datos que a la objetividad de ella (*no hay lugar para el escepticismo*), la cual, sí es por supuesto, perfectible al ir conociendo día con día, más y más, o sea, en cuanto contamos con más elementos, nuestra perspectiva de visión se amplía y así sucesivamente.

Desde la antigua concepción de la Tierra como centro del universo, (*hasta entonces conocido*) con todos los astros a su derredor, más tarde avalada por el sistema de **Ptolomeo** (*Claudio Ptolomeo 100-170*. Astrónomo Greco-egipcio, quien expone sus ideas en su obra "El Almagesto") hasta el Renacimiento cuando surge una nueva Teoría que cambiaría para siempre aquella concepción, la de **Nicolás Copérnico** (Astrónomo polaco *1473-1543*) en la cual ya no es la Tierra, sino el Sol el que está en el centro con los planetas orbitándolo en círculos, el hombre siempre ha tenido la inquietud de conocer el origen y fundamento del universo, así pues, la primera Revolución Científica en sentido experimental, comienza aquí, en el siglo XVI, no obstante que en un principio hubo resistencias para aceptar esta nueva visión, el mismo Copérnico se negó a publicar sus escritos hasta poco antes de morir, finalmente, esta nueva forma de concebir la realidad terminó imponiéndose.

¿FUE EL UNIVERSO VERDADERAMENTE CREADO POR DIOS?

Otro gran paso en el avance de la ciencia celeste lo da **Johannes Kepler** (*Astrónomo alemán 1571-1630*) el cual ya precisa en tres leyes matemáticas el movimiento exacto de los planetas. Nos dice que las órbitas de los planetas son elípticas y no redondas, es justo mencionar también el nombre de **Tycho Brahe** (*Astrónomo Danés 1546-1601*) quien contribuye a los logros de Kepler proporcionándole, en la comunicación entre ambos, su amplísima experiencia en datos observacionales plasmados en láminas que éste realizó durante toda su vida.

Galileo Galilei (*1564-1642*) científico nacido en Florencia, Italia; trató de explicar lo descubierto hasta antes de él. Defendió el sistema de Copérnico destacando sus aportaciones sobre el Principio de la Inercia y el desarrollo de la Teoría sobre la Caída de los Cuerpos. Al contar ya con el primer telescopio astronómico cuya invención algunos le atribuyen, logra notables avances en el conocimiento del movimiento de los astros.

De carácter controvertido y polémico, pues debido a muchos malentendidos, se confrontó y hasta fue llamado a juicio por la Inquisición, sin embargo, se puede decir que es uno de los mayores constructores del Método Científico en sentido moderno.

Isaac Newton (*1642-1727*) Científico inglés que culmina y unifica todos los descubrimientos anteriores a él en cuestión de mecánica celeste, perfecciona el cálculo en las matemáticas, descubre las leyes que rigen la óptica, pero su más importante logro es la Ley de la Gravitación Universal:

"Toda masa ejerce sobre otra una atracción de potencia proporcional a sus respectivas masas e inversamente proporcional al cuadrado de la distancia que a éstas las separa."

Complaciendo hasta a los más exigentes de su época, Newton es sin duda, una de las mentes más brillantes de la historia de la ciencia. Se piensa entonces que todo lo que teníamos que saber de los movimientos de los astros en el espacio estaba ya descubierto y consolidado.

Albert Einstein (*1879-1955*) Científico alemán, se podría decir que él inicia una segunda Revolución Científica con sus teorías sobre la Relatividad basadas en la velocidad de la luz; *la velocidad de la luz es la misma en todas direcciones para todos los que la observen, ya sea que éstos estén en estado de reposo o en movimiento*. Ésto, que perece no entenderse, pues contradice el sentido común, se debe a que la luz, al no poseer masa, no está sujeta a las leyes de la inercia, pues son fotones, partículas de energía pura.

La velocidad de la luz que es aproximadamente <u>300,000 Kms. por segundo</u>, siempre es constante,

¿FUE EL UNIVERSO VERDADERAMENTE CREADO POR DIOS?

independientemente de la postura del observador. Einstein nos revela además que ésta es la velocidad mayor a la que algo pueda viajar en nuestra realidad.

Otra de las aportaciones de esta Teoría (*expresada como restringida y otra más tarde como general*) es el nuevo concepto de Gravedad que se da al verse curvado el espacio-tiempo por los cuerpos poseedores de masa. En la Teoría de la Relatividad, emanada de la constante de la velocidad de la luz, el espacio y el tiempo pasan a ser relativos. Con Newton creíamos que la Gravedad era una fuerza, sin embargo las Teorías de Einstein finalmente fueron probadas con datos observacionales durante los eclipses solares, pero la Teoría de la Relatividad es mucho más y aquí viene lo que a nosotros nos importa; las ecuaciones de la Relatividad formuladas por Einstein, describen el comportamiento del universo.

Aunque en un principio Einstein pensaba que el universo era estático y sin inicio, pese a que un matemático ruso, especializado en Cosmología relativista; **Alexander Friedman** (*1888-1925*) le hace ver que sus ecuaciones describen un universo en expansión, Einstein lo desprecia y hasta modifica dichas ecuaciones para sostener su punto de vista, no obstante,

como sabemos, más tarde en su encuentro con **Edwin Hubble** (*Astrónomo norteamericano 1889-1953*), reconoce su error y acepta el inicio y la expansión.

ALFONSO CASTILLO G.

Hemos querido hacer este breve resumen del desarrollo de la ciencia desde la antigüedad hasta la etapa actual, encaminado a hacer ver al lector cómo la cultura del conocimiento paulatinamente ha llegado, especialmente en la Física y en la Astronomía, es decir Astrofísica, a los formidables descubrimientos demostrados a través de los portentosos aparatos lanzados al espacio, como los satélites **COBE** (*Explorador del Pasado Cósmico*), **W-MAP** (*por su creador el científico Wilkinson, para probar las fluctuaciones de las microondas de la radiación de Fondo*) y **PLANCK** (*En honor al científico Max Planck, iniciador de la Física Cuántica*) que corroboran de manera cada vez más clara e irrefutable el nacimiento, formación y expansión del universo.

La ciencia nos dice que todo empezó en un llamado BIG BANG o Gran Explosión en donde inician, al unísono, la ENERGÍA-MATERIA y el ESPACIO-TIEMPO, lo que debemos entender, según los más grandes astrofísicos y teóricos de esta disciplina es que NO HABÍA UN ESPACIO PREVIO donde se realizara tal evento ni un "ANTES" real pues ahí mismo se da EL ARRANQUE DEL TIEMPO, de modo que desde el primer momento de su existencia, el espacio-tiempo comenzó a expandirse más y más pues este universo en su primitivo comienzo, fue un gran flashazo de energía pura, la cual, al irse expandiendo, fue gradualmente enfriándose y así "condensándose" en

¿FUE EL UNIVERSO VERDADERAMENTE CREADO POR DIOS?

materia (*átomos, principalmente Hidrógeno y Helio que, por reacciones atómicas formarían toda la cadena de los elementos y habrían de convertirse, en los próximos milenios, siempre en expansión, en nebulosas, galaxias y estrellas tal como las conocemos*).

Esta Gran Explosión, con la que todos concuerdan, debió suceder hace aproximadamente unos 15,000 millones de años (*Datos de dominio público verificables en cualquier libro de Astronomía Básica como: "Un Universo en Expansión" de Luis F. Rodríguez. Fondo de Cultura Económica.*) o sea, lo que un niño diría es que la ciencia humana ha comprobado que todo empezó porque *"explotó la nada"*.

¿Es posible que todo ésto sucediera espontáneamente o al acaso?

Algunos teóricos de la Mecánica Cuántica afirman que es posible pues, según ellos, a niveles de partículas subatómicas se dan las fluctuaciones, en donde en un **espacio vacío de cuerpos** pero **pleno de energía** "saltan" espontáneamente las partículas de materia y entonces nos hacen una analogía con que pudiera ser semejante al origen del ser del universo, pero ésto es una confusión, o mejor dicho una falacia (argumento aparentemente cierto, pero falso) pues ese **espacio** vacío de cuerpos que ellos comentan, **junto con la energía** son ya formalmente <u>SER REAL</u> y nuestro universo, como ya lo hemos dicho y se sabe, **no nació de ningún "previo"** sino de la "nada" misma. Con la Teoría de la relatividad, también en Física Cuántica, el dualismo entre estas dos substancias tradicionales de la Física Clásica (Energía-cuerpo) ha cesado.

Recordemos también que desde Albert Einstein, hemos podido entender que la energía y la materia son reductibles, es decir, el SER real tiene dos fases o "caras" o sea, se presenta como **ondas** o como **corpúsculos sólidos**, reiteramos entonces, que las fluctuaciones cuánticas se dan en lo **ya existente** y no provienen de la "nada".

La ciencia positiva no puede ir más allá, pues su campo es lo tangible, pero ¿Es suficiente ésto? ¿Nos podemos conformar y quedar ahí? ¡¡POR SUPUESTO QUE NO!!

"La causa de la ciencia toda, redúcese fundamentalmente a la necesidad de saber, de comprender lo más y mejor posible en longitud y profundidad el <u>cómo y por qué</u> de las cosas para reducirlo todo a la unidad. Esta necesidad es un rasgo esencial del ser racional que somos; en ella está expresada la grandeza que consiste en aspirar a igualarse por el pensamiento a la totalidad del ser." (Origen y Fin de la Ciencia, Lógica y Cosmología. Página 160. Regis Jolivet; Ediciones Carlos Lohé.)

¿FUE EL UNIVERSO VERDADERAMENTE CREADO POR DIOS?

Establecido, pues, que el universo empezó en una Gran Explosión, veremos a grandes rasgos cómo la ciencia llegó, paso a paso, a esta formidable conclusión.

Desde el Astrónomo Belga George Lamaitre en los años 20's (*siglo XX*) quien, según sus cálculos matemáticos, nos dice que el universo debía estar en expansión. Más tarde, el Astrofísico George Gamow, hacia el año de 1946, nos habla claramente de una Gran explosión para explicar el origen del universo y su expansión. Él, además afirma; que si esta explosión no se dio en un espacio previo, el gran eco de la misma, aún debería "escucharse" dentro del espacio que se va "creando" con la expansión. Ésta, entonces hipótesis, finalmente fue demostrada convirtiéndose en la Gran Teoría del BIG BANG (Teoría= Conjunto de leyes ya demostradas) (Introducción al Método Científico. Raúl Gutiérrez Sáenz. Editorial Esfinge, página 205).

Pero ¿Cómo fue ésto? El Astrónomo Norteamericano Edwin Hubble, demostró a través del corrimiento al rojo (basado en el efecto Doppler) que presentan las galaxias, la expansión universal, elaborando su famosa Ley Hubble *("El corrimiento al rojo de una galaxia es proporcional a la distancia a la que se encuentra")* Hubble descubrió que las galaxias se alejan unas de otras, con una velocidad proporcional a su separación. Sus observaciones a través de un gran telescopio le permitieron llegar a tal conclusión, pues estas galaxias, debido a su desplazamiento, presentaban una pequeña cauda roja.

Más tarde, dos Ingenieros de la Bell Company, Arno Penzias y Robert Wilson, que perfeccionaban la comunicación vía satélite, descubrieron la Radiación de Fondo (el eco de la Gran Explosión que en los años 40's Gamow había pronosticado). Al principio se confundieron pensando que era una simple interferencia, pero tras una exhaustiva revisión de sus aparatos y con la intervención del Físico Robert Dicke, quien ya buscaba por su parte la Radiación de Fondo, finalmente fue interpretada como la posible prueba de la Gran Explosión, pero no es sino hasta el período entre 1989 y 1992, con los experimentos realizados por el COBE (*Cosmic Background Explorer, satélite norteamericano*) cuando queda oficialmente como prueba científica dicho inicio del universo. A Arno Penzias y a Robert Wilson les fue otorgado el Premio Nobel por este descubrimiento.

Una de las primeras conclusiones que surgen tras quedar establecido el inicio del universo en las condiciones ya mencionadas, en las cuales hoy en día, todos los científicos están de acuerdo, es que **la materia no es eterna** como se creía especialmente en el siglo XIX y hasta mediados del siglo XX, entonces caen por sí solas las bases de cualquier doctrina materialista.

El Principio de la Conservación de la Materia, en el que algunos creyeron ver la eternidad de ésta, se refiere a la materia entendida como peso y nace de los experimentos de Lavoisier (*Científico Francés 1743-1794*) en **1772**, éste encontró que en todas las reacciones, incluida la combustión, el peso de los compuestos es igual al peso de los componentes antes y después de la reacción, pero el tiempo nos haría saber que las cosas no eran tan simples como entonces se creía, pues se desconocía la más sorprendente de las reacciones; la Reacción Nuclear. En ésta, bajo el concepto de materia entendida como peso o masa es imposible comprender lo antes concluido, debido al denominado "Defecto de Masa"; esa pequeña energía radiante que se pierde y se fuga en forma de luz al realizarse la fusión atómica.

Fundamentación de lo anterior; Nuestro sol, como todas las estrellas, es una esfera de gases en reacción atómica que irradia energía de esta manera; "El Sol convierte unas 654,600,000 toneladas de Hidrógeno en algo menos de 650,000,000 de toneladas de Helio por segundo. Pierde por tanto 4 millones 600 mil de toneladas de masa cada segundo, pero incluso a ese ritmo tan tremendo, el Sol contiene suficiente Hidrógeno para mantenerse todavía activo durante miles de millones de años más." (Verificar en: "Cien Preguntas Básicas Sobre la Ciencia" de Isaac Asimov. Alianza editorial. Páginas 50 y 51)

Esta luz, como la del Sol (*que es un horno atómico como todas las estrellas*) vaga por el espacio y si es absorbida por un cuerpo opaco, se transforma en calor y éste realiza trabajo, movimiento y/o se enfría, así la concentración de la energía va desapareciendo muy lenta pero necesariamente, ésto porque el universo ¡¡SE EXPANDE!!

La energía y el calor "**no alcanzan**" para mantenerlo estable.

Entonces, aún la celebérrima sentencia del pasado "*Nada se crea ni se destruye, sólo se transforma*" queda en entredicho, tambaleante ¿POR QUÉ? Pues ...

¡¡PORQUE HEMOS VISTO QUE TODO EMPEZÓ!! Y TERMINARÁ en una ya, por la ciencia también pronosticada, MUERTE FRÍA, pues resulta, que entonces, sólo se dan en el tránsito de lo anterior descrito, las sí constatables y constantes transformaciones que vemos en la naturaleza, mientras dure el universo.

La Muerte Fría del universo, o sea, el cese de toda combinación y traslación de lo caliente a lo frío con la respectiva enorme degradación de la energía, pues lo que quede del universo, se expandirá indefinidamente, ya que el universo es un sistema abierto. El Proyecto Boomerang de la NASA había abierto la posibilidad de una expansión sin freno y en los últimos años, con el gran telescopio Hubble se ha comprobado la existencia de la energía oscura, esa aún no comprendida fuerza de repulsión que es el 73% del universo y que "dispara" a las galaxias más lejanas aumentando éstas su velocidad.
(Para corroborar ésto, el lector debe acudir a las últimas fuentes que la ciencia ha descubierto para este punto en especial. (https://ciencia.nasa.gov/science-at-nasa/2001/ast03apr_1)

¿FUE EL UNIVERSO VERDADERAMENTE CREADO POR DIOS?

Cortando de tajo cualquier imaginado Big Crunch (*contracción del universo en un punto crítico, debido a su masa por la gravedad, lo cual según algunos, sucedería repetitivamente*) y dejándonos sólo la certeza de una desintegración hacia el infinito, como hasta ahora todo apunta.

Pero como habíamos dicho antes, la necesidad de saber más acerca de nuestra realidad material espacio-temporal, no puede detenerse en este ya cierto Big Bang. No podemos quedarnos ahí, pues el legítimo afán de saber del entendimiento no se satisface sólo con el "¿QUÉ?" y "¿CÓMO?" Necesita también el "¿POR QUÉ?"

Toca entonces a la razón darnos la continuidad. Los datos obtenidos en las experiencias científicas (ciencia positiva) deben ser razonados e insertados en el contexto global del conocimiento para tener su real intelección, ésta es la verdadera ciencia, la cual es todo conocimiento que pueda ser demostrado.

EXPLICACIÓN:

"El hecho de la comprobación científica no se apoya exclusivamente en la aportación de los sentidos, sino que es posible establecer un fundamento de tipo intelectual. De manera que es factible llamar ciencia tanto a las Matemáticas, Física, etc. como a la Filosofía. La idea clave es desechar "verificación" como sinónimo de "verificación empírica" ".

(Introducción al Método Científico de Raúl Gutiérrez Záens. Página 10. Editorial Esfinge)

A lo largo de la Historia de la Filosofía, ha habido pensadores que desconfiando de la razón, han negado la Metafísica (*Metafísica= lo esencialmente inexperimentable, inmutable y en alguna manera espiritual, pero que puede ser descubierto por la razón. Diccionario de Filosofía. Walter Brugger. Biblioteca Herder*) especialmente Immanuel Kant (*Filósofo Alemán 1724-1804*) porque trataba de llevar el método Físico-Matemático ... ¡¡¡ a la Filosofía!!!

Kant, deslumbrado por los recientes descubrimientos y logros de Isaac Newton; La Mecánica Celeste, especialmente La Ley de la Gravitación Universal (ya antes descrita) que a todos en su tiempo maravilló, pues los hombres en su momento estaban seguros que por fin sabían cómo funcionaba el universo.

Más tarde, como explicaremos después, la Teoría de la Relatividad de Einstein cuestionaría y superaría algunas de las conclusiones Newtonianas, pero sigamos con Kant; al desconfiar de la razón, influenciado también por David Hume, empirista inglés (*1711-1776*) (*Empirismo= sólo lo que se puede percibir por los sentidos es válido para el conocimiento*) en su "Crítica de la razón Pura" comete un gravísimo error al negar la validez de la Metafísica como ciencia.

¿Qué decir?

¿FUE EL UNIVERSO VERDADERAMENTE CREADO POR DIOS?

¡¡CLARO!! La Metafísica no es una ciencia POSITIVA pero ¡¡SÍ UNA CIENCIA RACIONAL!! Tan válida como la Física o las Matemáticas.

También la misma ciencia positiva evidencia la falsedad del Empirismo, en el cual Hume se atreve a negar el Principio de Causalidad porque según él, no tenemos ninguna impresión de la causa como tal, como ya sabemos, Hume influencia tan hondamente a Kant que éste se atreve a decir que lo despertó de su sueño dogmático. La influencia de Hume también se siente fuertemente en Bertrand Russell con las consecuencias erróneas que más tarde corroboraremos.

Breve demostración de la falsedad del Empirismo:

Hume decía que nunca sabríamos de qué están hechas las estrellas, pues no podemos tocarlas y que tampoco podríamos afirmar la redondez de la Tierra con argumentos de razón al no tener una impresión completa de ésta; pero otra vez la misma ciencia positiva pondría en evidencia esta errónea forma de pensar, pues en la Astronomía, gracias a un moderno aparato de investigación; El Espectógrafo que descompone la luz para indagar en su espectro de qué clase de elemento procede, debido a que cada átomo tiene un espectro específico, hoy sí sabemos con toda certeza de qué están hechas las estrellas y gracias a las misiones espaciales, por citar alguna, el Proyecto Apolo de la NASA en su regreso de la Luna, contamos con una hermosa fotografía de la Tierra conocida como "El Planeta Azul."

¿Es que hasta ese momento la Tierra fue redonda? O mejor dicho ¿esférica? ¡¡NO!! entonces, las deducciones racionales del pasado, que ya lo afirmaban, ¡estaban en lo correcto! Ahora que comprendemos todo ésto, podemos decir: "Descanse en paz el Empirismo de Hume. Amén."

Como ya anteriormente fue explicado; también la razón es capaz de demostrar remontando los argumentos a los 4 Principios Lógicos:

(Principio en Lógica = Proposición que no necesita demostración por ser evidente y universal y sirve de base para cualquier demostración)

1.- <u>PRINCIPIO DE CONTRADICCIÓN</u>. Puede enunciarse así: <u>DOS PROPOSICIONES CONTRADICTORIAS NO PUEDEN SER AMBAS VERDADERAS</u> "Es imposible el SER y el NO SER a la vez."

2.- <u>PRINCIPIO DE IDENTIDAD</u>. Se enuncia así<u>: "A" ES NECESARIAMENTE "A.</u>" O sea, todo ser es idéntico a sí mismo en un momento y bajo el mismo aspecto.

3.- <u>PRINCIPIO DE TERCERO EXCLUÍDO</u>. <u>NO HAY "MEDIO" ENTRE DOS PROPOSICIONES CONTRADICTORIAS</u>, o sea, no existen las medias verdades.

4.- <u>PRINCIPIO DE CAUSALIDAD</u>. <u>TODO SER CONTINGENTE TIENE UNA CAUSA</u>, o todo efecto requiere una causa proporcional y suficiente para las cualidades de dicho efecto. Podríamos decirlo también, para entender mejor, en una forma negativa: "<u>NADIE DA LO QUE NO TIENE</u>."

¿FUE EL UNIVERSO VERDADERAMENTE CREADO POR DIOS?

Por lo tanto, <u>TODA PROPOSICIÓN O CONOCIMIENTO QUE PUEDA SER DEMOSTRADO ES CONOCIMIENTO CIENTÍFICO</u>.

Los mismos principios de la Mecánica Clásica tienen su aval correspondiente en la razón, por ejemplo; **acción-reacción** es sólo un enunciado positivo del principio de causalidad *(a cada impulso corresponde una reacción proporcional, siendo ésto rigurosamente necesario)*.

Cabe entonces resaltar también aquí el error y la arbitrariedad de los sólo positivistas (*Positivismo = La exageración de sólo tener a la ciencia experimental como único criterio de verdad)* al no querer reconocer el valor de la razón al declarar a las conclusiones obtenidas por ésta como "carentes de sentido", especialmente el filósofo matemático inglés Bertrand Russell (1872-1970).

<u>MI EXPLICACIÓN</u>:

Si yo me descubriera una mañana, al despertar, en una habitación, tomando conciencia y tras indagar descubriera que ésta es parte de una casa y lograra conocerla, entendiendo la disposición práctica de las habitaciones, también su orientación y aún el tiempo probable desde su construcción hasta ahora y llegara a conocer con exactitud la intimidad de la naturaleza de los materiales con los que está hecha y los principios que rigen para que se mantenga en pié (hasta aquí la ciencia positiva), reconozcamos, todos estos conocimientos son ciertos, válidos e indispensables pero de ninguna manera "carece de sentido" y también me es indispensable preguntarme ¿QUIÉN SOY?, ¿QUÉ HAGO YO AQUÍ?, ¿CÓMO HE LLEGADO A ESTA SITUACIÓN?, ¿QUIÉN PLANEÓ Y CONSTRUYÓ LA CASA?, ¿CUÁLES SON MIS ESPECTATIVAS y entonces ¿CUÁL SERÁ MI DESTINO? (*Éste es el quehacer de la Filosofía llamada hasta los siglos XIX y XX como Metafísica*), pues el hombre debe conocer su origen y su identidad en la realidad para decidir su conducta en orden a su destino final.

Sobra decir que la anterior figura de la casa, es la humanidad en el universo.

Reitero, el sólo reconocer las conclusiones ciertas y verdaderas de la ciencia positiva; el "¿QUÉ?" y "¿CÓMO?" y desconocer las también ciertas y verdaderas de la Filosofía; el "¿POR QUÉ?" de las causas últimas, nos deja sólo con una parte del conocimiento cuando debemos aspirar al todo.

PRUEBAS ALTERNAS DEL INICIO DEL UNIVERSO.

(A) Como una de las consecuencias de la Expansión del Universo sabemos, para decirlo de la manera más sencilla posible; <u>LAS COSAS SE ENFRÍAN</u>.

¿FUE EL UNIVERSO VERDADERAMENTE CREADO POR DIOS?

EXPLICACIÓN:

Nuestro Planeta Tierra comenzó siendo una masa incandescente que paso a paso se fue enfriando hasta poder, en su superficie, albergar la vida, como todos sabemos. Sin embargo, su núcleo aún se encuentra incandescente como lo comprobamos por las erupciones volcánicas. Si el universo hubiera estado enfriándose desde la eternidad, ya estaría totalmente frío y muerto, pero no es así, aún hay astros muy calientes y sin embargo se van enfriando poco a poco, por lo tanto este proceso empezó en un pasado concreto.

(B) El Hidrógeno, el elemento primero y más abundante en el universo, no es renovable. En el Big Bang se produjo en gran cantidad junto con el Helio. El Hidrógeno, al entrar en reacción atómica, se transforma en Helio y éste, a su vez al entrar en reacción atómica, forma otro elemento, hasta completar, en una cadena sucesiva, todos los conocidos hasta ahora.

Pero lo importante de ésto es que si esta transformación se hubiera estado haciendo desde la eternidad, ya no habría hidrógeno en el universo. Es así que hay abundante hidrógeno todavía hoy, luego, el universo empezó en un momento concreto del pasado.

Estas dos pruebas nos ayudan a tener una más perfecta y total certeza de la no-eternidad de la materia.

CAPÍTULO 2.

¿QUÉ DICE LA FILOSOFÍA?

Empecemos por explicar qué es la Filosofía para tener noción de la misma. La definición nominal es muy romántica; *Amor por la sabiduría*.

Según una vieja tradición, Pitágoras (*570-497 a JC*) al ser elogiado y llamado sabio, respondió con modestia: "*No soy sabio, sólo un amante del saber*" (*Filósofo*) (*www.acfilosofia.org*).

Conceptualmente, Filosofía es el conocimiento por causas remotas que alcanza la razón en su búsqueda por la verdad hasta el último por qué sobre temas como; el SER, el origen del mundo, el bien y el mal, el destino final, etc.

¿Cuándo y dónde nace la Filosofía?

En la antigua Grecia, cuando el hombre opta por investigar por sí mismo y usando su razón, decide romper con el mito; las tradiciones y creencias que pasaban de generaciones en generaciones como explicación de la realidad (*Mitologías*).

Es aquí, pues, donde inicia el desarrollo científico. El hombre observa, razona y concluye. No obstante, debemos decir, que las primeras conclusiones no fueron siempre las más afortunadas, pero, sin embargo, en esa actitud, había nacido la ciencia.

A los primeros Filósofos se les llama "Los Pre-Socráticos" (*Antes de Sócrates, Filósofo Moralista Griego 470 a.JC. - 399 a.JC*) y son: Tales de Mileto, Anaximandro y Anaxímenes, (*siglo VII a JC*).

La Filosofía, en un principio, abarcaba todo el saber, todas las disciplinas, todas las materias, pero paulatinamente, en el correr de la Historia, al definirse cada especialidad, o sea; una ciencia que estudiaba los números, otra la vida, otra lo estrictamente material, etc. se separaron éstas hasta ser como las conocemos en la actualidad.

Desde el origen de la Filosofía, han existido muchas tendencias y formas de concebir la realidad, pero podemos resumirlas todas en TRES; *REALISMO, IDEALISMO Y MATERIALISMO*.

REALISMO: *ACEPTA LA EXISTENCIA DEL ESPÍRITU Y LA MATERIA*. Principales representantes: Aristóteles y Tomás de Aquino. Antigua Grecia y Escolástica respectivamente. Jacques Maritain, Filósofo francés (*1882-1973*), Étienne Gilson, Filósofo francés (*1884-1978*), Frederick C. Copleston, Filósofo inglés (*1907-1994*).

¿FUE EL UNIVERSO VERDADERAMENTE CREADO POR DIOS?

IDEALISMO: <u>SÓLO EXISTE EL ESPÍRITU QUE SUEÑA A LA MATERIA</u>. Principales representantes: En la antigua Grecia; Platón, Fundador de la Academia (*427-347 a JC*) y Hegel, Filósofo alemán (*1770-1831*) en el Modernismo. Racionalista.

MATERIALISMO: <u>SÓLO EXISTE LA MATERIA Y AÚN LAS VIVENCIAS EMOCIONALES Y LAS LLAMADAS ESPIRITUALES SON SÓLO UN SUB-PRODUCTO DE LA MISMA Y POR LO TANTO NO HAY CONCEPTO DE PERSONA</u>. Principales representantes: Ludwig Feuerbach, Filósofo alemán (*1804-1872*), Karl Marx, Filósofo alemán (*1818-1883*), Bertrand Russell, Filósofo inglés (*1872-1970*).

Debemos decir que ante las anteriores concepciones, prevalece el <u>REALISMO</u>.

¿POR QUÉ?

Pues, en primer lugar, al Materialismo se encargó de descartarlo definitivamente la Ciencia Positiva al certificar ampliamente el inicio del universo, pues la tesis fundamental de esta falsa doctrina era la supuesta *"eternidad de la materia."*

Queda claro entonces que; el "milagro" de la existencia, el por qué de las leyes que rigen lo íntimo de la materia y el universo todo, el prodigio de la vida, el hecho de la conciencia misma, además de la esfera de valores como manifestación evidente del espíritu, son en conjunto algo tan grande y misterioso que no podían ser explicados con un absurdo acaso de combinaciones químicas y físicas supuestamente fortuitas.

Pero dejemos que una opinión autorizada nos ilustre esta refutación. Bochenski, desde el año de 1947 se expresó así: *"Los Materialismos son teóricamente muy débiles, se mantienen en un nivel casi pre-socrático"*, *"En su conjunto, la Filosofía actual, ha superado con mucho no sólo sus tesis, sino hasta el planteamiento de los problemas."* Prof. J.M. Bochenski, Filósofo, Prof. Universitario, Matemático y escritor polaco de renombre en Europa (*1902-1995*) (*"La Filosofía Actual"*. *Bochenski*. *Fondo de Cultura Económica, páginas 93 y 94*).

A su vez, el Idealismo, al sostener que sólo existe un espíritu absoluto que "sueña" ser también lo individual, es un claro panteísmo (*todo es dios*). Llevado hasta las últimas consecuencias, niega entonces la libertad del ser humano que se ve reducido a un momento del evolucionar necesario de ese único espíritu.

¿FUE EL UNIVERSO VERDADERAMENTE CREADO POR DIOS?

También, como refutación, es importante mencionar que si tenemos presente la sentencia Aristotélica: *"Nada hay en la inteligencia que no haya pasado por los sentidos"*, podemos argumentar; Nosotros, los individuos reales, no podemos "soñar" nada que no hayamos realmente visto o tocado. Ejemplo: Si hubiera alguien que nunca, por condiciones especiales de su nacimiento, hubiera visto, oído, tocado o sentido, etc. NADA, su conciencia no podría imaginar ni "soñar" una realidad, pues carente de toda experiencia, estas funciones no se pueden dar, las cuales, en los individuos normales, son facultades siempre presentes, aunque emerjan del subconsciente o hasta del inconsciente donde se habían asentado.

Al entender el papel capital de los sentidos, está implícita la concepción del Realismo, espíritu y materia, inteligencia individual y mundo objetivo.

El Idealismo es incapaz de dar respuesta a los problemas específicos del hombre, como el bien y el mal que sí son producto de las decisiones de cada individuo, el concepto de persona, etc.

El Realismo, como hemos dicho, reconoce la existencia del espíritu y la materia y la sintetiza mediante el concepto, que forma la inteligencia, tomando lo universal a partir del dato sensible y concreto. No es sólo lo valioso del sentido común y esa intuición que todos tenemos respecto a esas dos realidades (*espíritu y materia*) sino que también, al inferir conclusiones aportadas por la ciencia positiva; como un universo que ha empezado y que conforme a la razón, requiere de una realidad superior (*trascendencia*) y distinta al mismo, podemos concluir que en este realismo está la verdad.

En el culmen de la Filosofía Griega, Aristóteles (*384-322 a de J. C.*) el más famoso discípulo de Platón (*aunque opositor al mismo*), quien desarrolló la Lógica Formal y dio a ésta el carácter de ciencia, nos aporta la gran concepción del primer MOTOR INMÓVIL mediante un exquisito y célebre raciocinio; Observando el mundo constatamos que hay SER y MOVIMIENTO, pero también observamos que todo ser es movido por otro (el ser mismo y el movimiento nos fue dado) y éste otro por uno anterior y este anterior por otro y así sucesivamente como en la cadena de naipes de una baraja que formados, uno a otro, se transmiten un impulso, pero si continuáramos por siempre así, caeríamos en el absurdo de la serie infinita, porque continuar sería ocioso, ya que sería mejor afirmar entonces que nunca llegamos al origen, es decir, que no existe realmente quien dio el impulso inicial, incurriendo en una contradicción, pues la serie infinita nos dice que no hay quien dio el impulso y sin embargo nosotros constatamos que sí hay ser y movimiento.

¿FUE EL UNIVERSO VERDADERAMENTE CREADO POR DIOS?

En síntesis; si no hay quien dio ese primer impulso, entonces ¿cómo es que nosotros constatamos aquí el ser y el movimiento?

La única solución es un SER que mueve y no es movido, un ser que es por sí mismo y así, nuestra existencia, la del mundo y el movimiento ¡sí se entienden!

Aristóteles va más allá, afirma que:

"Este ser es la inteligencia pura y su ser es completamente inmaterial"

Lo describe como:

"Pensamiento que se piensa a sí mismo y mueve, sin ser movido"

Más tarde, Tomás de Aquino (1225-1274) representa también la cumbre del pensamiento escolástico. Creó una obra Filosófica, sistemática y vasta llamada hasta nuestros días Tomismo, el cual aborda todos los aspectos de nuestra realidad. Se basa en Aristóteles para tan colosal obra. Sus célebres 5 pruebas de la existencia de Dios se basan en los raciocinios del Motor Inmóvil Aristotélico. Hace explícitos los atributos de Dios desde un punto de vista racional natural, distinguiendo como el primero y más importante la ASEIDAD (*A-SE, que significa por sí mismo*. Tomás de Aquino propone la demostración a *posteriori*, *o sea, a partir de hechos sensibles como el movimiento, la contingencia (la característica de un ente de venir a ser y luego dejar de existir)*, el orden del universo, la graduación de las perfecciones, con la utilización del Principio de la Causalidad deduce que todos los hechos exigen la existencia de un ser necesario, primera causa, perfecto y dador de orden al universo. Concluye diciendo: "Ese ser es al que todos llamamos Dios."

Ahora hagamos **Filosofía de la Ciencia**; como hemos visto, ya no basta sólo con ser un gran científico, sino que además debemos ser también filósofos, ésta es la clave, es decir, conjugar ambas disciplinas para aspirar a abarcar el todo del conocimiento al alcance de la capacidad humana, tomando nuestras premisas de las verdades y hechos científicos ciertos y razonándolos, llegar a mayores conclusiones, de forma completa y no parcialmente, de nuestro mundo.

LAS CONDICIONES DE LA ENERGÍA.

Recordemos, en la Física tradicional, la energía es definida como la capacidad de realizar trabajo o un efecto.

Analicemos la forma más simple de la energía mecánica; en la transmisión de un impulso. ¿Qué se requiere para suscitar esta determinada energía? Pues un determinado impulso. Ejemplo de la tecla en la maquinaria de un piano; Primero, mi decisión, voluntad de producirlo, además de la razonabilidad que será con un fin y también la capacidad o eficiencia de poder dar ese impulso. Tenemos ahora que detrás de una determinada energía está un "querer", un "por qué" y un "poder" o capacidad para hacerlo. Resumiendo, así, para el "efecto sonido" de la tecla de un piano, se necesitó tener una finalidad que movió mi voluntad acompañada de mi capacidad o poder de producir este impulso que se transmitió a partir de mi dedo pulsando la tecla.

Para el "efecto-universo" con toda su energía manifiesta y aún insospechada, se necesitó entonces también un "por qué", un "querer" o voluntad y un "poder" proporcional y entonces la pregunta es "¿Qué lo produjo?" o debemos decir "¿Quién?"

¿Por qué decimos para el "efecto-universo"? pues porque el universo es el resultado de una Gran Explosión, la cual, conforme a las leyes de la Física y la razón es una REACCIÓN que necesitó de una ACCIÓN, proveniente, también, de una VOLUNTAD y con una FINALIDAD, podemos decir entonces que; <u>El universo es la reacción verificadora de una acción, el ejercicio de una voluntad activa</u>. Dadas las proporciones, ni siquiera realmente imaginables, miles de millones de galaxias, cada una de ellas conteniendo millones de estrellas, nebulosas, materia y energía oscura y demás astros expandiéndose indefinidamente ¿Quién pudo producir una acción proporcional a tal efecto? Y aunque aquella acción escape al campo de la experiencia; la ciencia positiva, esta acción no puede ser negada y sí reconocida, pues sin ella no estaríamos aquí. Toca entonces en continuidad, con el conocimiento científico riguroso, en un nivel racional, metafísico, (*Metafísica = Dicho en palabras fáciles, ciencia racional que estudia a los objetos inmateriales aunque sabemos que Aristóteles la llamó, en su momento, "Filosofía Primera"*) continuar con este estudio como ya lo habíamos explicado.

En la Teoría de la Relatividad de Einstein se obtiene la célebre fórmula:

$$E=mc^2$$

Donde "E" es la energía a obtener (*en ergios*), "m" expresa la masa y "c^2" es la velocidad de la luz (*aproximadamente 300,000 kms. por segundo*) al cuadrado, o sea, multiplicada por sí misma (*300,000 por 300,000*) pero...

¿QUÉ QUIERE DECIR ÉSTO?

Que obtendremos una cantidad enorme de energía con hacer entrar en reacción atómica <u>UN SOLO GRAMO DE MATERIA</u>...

¿QUÉ ES LA REACCIÓN ATÓMICA? La reacción Atómica se logra por **FISIÓN** al romper un núcleo de Uranio o por **FUSIÓN** logrando que dos protones de Hidrógeno se unan venciendo su repulsión eléctrica, transformándose en Helio, ambas

¿FUE EL UNIVERSO VERDADERAMENTE CREADO POR DIOS?

producen la conocida reacción en cadena de las explosiones atómicas, transformando la materia en energía.

(Daremos la explicación más sencilla que de ésto se puede hacer)

... UN SOLO GRAMO DE MATERIA el cual multiplicaremos por el cuadrado de la velocidad de la luz, es decir, 300,000 por 300,000 lo cual nos da una cantidad de 900,000,000,000,000,000,000 de ¡ergios de energía! *Razón por la cual las bombas atómicas son tan tremendamente destructivas.*

"¡AH! Pero la aritmética ¡es implacable! Si un gramo de materia puede convertirse en una cantidad de energía igual a la que produce la combustión de 32 millones de litros de gasolina, entonces hará falta toda esa energía para "fabricar" un solo gramo de materia." (*Puede verificarse en: "Cien Preguntas Básicas Sobre la Ciencia" de Isaac Asimov. Alianza Editorial. Página 129*)

Trataremos de imaginar la energía que se necesitaría para "fabricar" entonces un kilo, una tonelada de materia o la suma total de todos los átomos del Planeta Tierra y del Sistema Solar o de toda la Galaxia y finalmente la de todas las otras millones y millones de galaxias de nuestro universo, ésto nos daría la ¡¡¡NI SIQUIERA IMAGINABLE REALIDAD DE LA ENERGÍA CONTENIDA EN ESTE UNIVERSO!!!

Toda esta energía se desplegó en el Big Bang (a toda acción corresponde una reacción de igual intensidad) ¿QUÉ FUE LO QUE PRODUJO ESE BIG BANG? Nos queda sólo una posible respuesta, conforme a los más rigurosos principios de la razón, si la rechazamos; NADA TENDRÍA SENTIDO, NI LAS MISMAS CONCLUSIONES DE LAS DEMÁS CIENCIAS, pues el monolito del conocimiento carecería de sustento.

Y si nuestro cosmos, nuestra REALIDAD NATURAL de la cual formamos parte inicia allí, **esta acción inimaginable en poder como nos lo manifiesta el efecto**, SÓLO PUDO PROCEDER DESDE UN ORDEN DISTINTO AL NATURAL (*ante la imposibilidad de que lo que no existía pudiera hacerse a sí mismo*) ¡¡¡EL SOBRENATURAL!!! O sea, una forma de SER fuera del espacio (*entonces incorpóreo, inmaterial*) y fuera del tiempo, por lo tanto, eterno, sin principio ni fin y todopoderoso.

¿¿A qué se parece ésto??

Tomemos conciencia, estamos aquí, leyendo este libro y formamos parte de un universo real que empezó en algún momento, como ya científicamente ha sido demostrado, ahora que pudimos comprender bien cómo se transforma la materia en energía en la reacción atómica nuclear y cómo se transforma la energía en materia, esto concebido como posible en las ecuaciones matemáticas de Einstein y eventualmente obtenidos algunos átomos en laboratorio, pues más que eso, como ya se ha explicado, al no poder echar mano de tanta energía como para producir cantidades mayores ... ¿Toca sólo a Dios hacerlo en la realidad? Pero ...

¡No nos sorprendamos! Algunos de los más connotados científicos, han declarado respecto de la certificación del Big Bang; *"Nunca estuvimos más cerca del Hágase la Luz"*, el mismo George F. Smoot creador del satélite COBE, primero en certificar la Radiación de Fondo; el eco de la Gran Explosión que probó el inicio del universo, se expresó así: *"Si usted es creyente, es como estar mirando a Dios"* (*"Show me God. What The Message From Space Is Telling Us About God?"* de Fred Heeren. Day Star Publications. *Página 174*).

Algunos Físicos de renombre mundial al hablar del universo se expresan así:

"Parece difícil evitar la conclusión de que el actual estado del universo ha sido 'escogido' o seleccionado entre un enorme número de posibles estados, todos ellos desordenados a excepción de una parte infinitesimal. Y si tal estado inicial, del todo improbable, fue seleccionado, seguramente tuvo que

haber un seleccionador o diseñador que lo escogiera."

Paul Davis.

(https://es.m.wikiquote.org)

(*Hay algunas opiniones en el sentido de que existirían un sin número de universos múltiples y que las condiciones para que se hayan dado el equilibrio y la vida se dieron en el nuestro.*

Pero tal afirmación se sustenta sólo en la imaginación, <u>no en la razón</u>, pues no hay ningún indicio real u observación que avalen tal afirmación.

La certeza y la verdad de la ciencia no son producto de la fantasía sino de la demostración.)

El mismo Albert Einstein en 1929, después de observar por telescopio el desplazamiento de las galaxias demostrado por Edwin Hubble, escribió no sólo de la necesidad de un comienzo del universo, sino de su deseo de conocer cómo Dios creó el mundo. "*No me interesa tal o cual fenómeno en el espectro de éste o aquel elemento, quiero conocer Su Pensamiento, lo demás son detalles.*" ("*Show me God. What The Message From Space Is Telling Us About God?*" de Fred Heeren. Day Star Publications. Prefacio. *Página XX*).

Hemos de decir nuevamente, no nos sorprendamos, cada vez más y más científicos de punta, aquellos quienes dedican su vida de lleno a la investigación han dado un giro completo en su forma de pensar al conocer un comienzo del universo y son ya Deístas o Teístas (*Deísmo= postura que reconoce a un Dios personal creador, pero niegan toda Revelación Sobrenatural y el milagro, manteniéndose en un nivel únicamente racional o natural*) (*Diccionario de Filosofía Walter Brugger. Biblioteca Herder. Página 144*).

No hacemos una lista exhaustiva aquí con los nombres de cada uno de ellos documentando así lo afirmado como hemos venido haciendo durante todo este trabajo porque no es el objeto esencial de esta obra, pero por supuesto que también hay grandes científicos alrededor de todo el mundo que se confiesan Teístas (*Teísmo= Postura que considera a Dios como ser personal, supramundano, el cual, por su acto creador llamó al mundo de la nada a la existencia –creación – defiende la conservación de las creaturas por Dios y Su continua cooperación, Su Providencia y la intervención extraordinaria como la Revelación y el milagro*) (*Diccionario de Filosofía Walter Brugger. Biblioteca Herder. Página 499*). Como por ejemplo:

Francis Collins, uno de los genetistas actuales más prominentes, conocido por dirigir el famoso proyecto del Genoma Humano durante 9 años. Nombrado Director del National Institute of Health por el expresidente Estadounidense Obama quien lo consideró como "*Uno de los mejores científicos del mundo.*" (*www.enghels.com*)

Mathew Chandrankunnel, escritor, científico, filósofo y teólogo, Profesor de Filosofía de la Ciencia en

Dharmaram Vidya Kshetram y en Christ University, ambas universidades en Bangalore, India. Autor de varios libros incluídos "Filosofía de la Mecánica Cuántica" y "Ascendiendo a la verdad: La Física, la Filosofía y Religión de Galileo Galilei" (*https://en.m.wikipedia*)

Podríamos seguir enumerando grandes personajes, ciertos de la verdad de un Dios creador, pero con ésto basta por el momento, pues debemos seguir adelante con el plan propuesto en esta obra; la confrontación de las Tesis Filosófico-científicas con lo que nos dice la Escritura Sagrada en sus diferentes textos.

CAPÍTULO 3

¿QUÉ DICE LA BIBLIA?

La Biblia, palabra en plural de origen griego que significa: *"Los Libros."* Se divide en dos partes principales; El Antiguo y El Nuevo Testamento.

El Antiguo Testamento se divide a su vez en El Pentateuco (*los 5 Primeros Libros*) desde La Creación hasta El Deuteronomio que es el último texto de la Torá (*Ley entregada por Dios a su pueblo Israel*), Los Libros Históricos que relatan las historias de los personajes más importantes del pueblo Hebreo, Los Libros Sapienciales que hablan de la Sabiduría de Dios; Sus máximas en forma de Proverbios hasta las sublimes alabanzas expresadas en Los Salmos y por último Los Libros Proféticos que nos narran la vida y mensaje que Dios da a Su pueblo a través de 18 hombres concretos que son Los Profetas, de Isaías a Malaquías.

El Nuevo Testamento está compuesto por 27 Libros. Los Cuatro Evangelios (*Mateo, Marcos, Lucas y Juán*) en donde se encuentra lo esencial del mensaje Cristiano, pues narran los hechos y dichos de Jesucristo. Después, Los Hechos de los Apóstoles escrito por San Lucas y posteriormente Las Cartas de San Pablo a las comunidades evangelizadas, La Epístola de Santiago, las dos de San Pedro y las 3 de San Juán, La Epístola de San Judas y finalmente El Apocalipsis.

La Biblia nos describe un Dios Eterno, Creador, Todopoderoso, Infinito que trasciende al espacio y al tiempo, Espíritu Puro que además es Justiciero pero también Misericordioso que se comunica cotidianamente con Su pueblo y que se describe a sí mismo como *EL SER EN PERSONA* (*Ex. 3,14 "YO SOY el que Soy"*).

Llegó el momento de la confrontación.

Recordemos, la ciencia positiva nos habla de un inicio del universo y aunque no puede ir más allá, por ser de naturaleza empírica, sin embargo ésto supone una ACCIÓN que provocó esta REACCIÓN que es el universo, la cual como se ha visto, no puede ser negada (*ACCIÓN-REACCIÓN*) y sí afirmada por la razón.

Lo que todo creyente esperaría entonces de la ciencia es que un día nos descubriera que el universo sí empezó aparentemente a partir de la "nada" (*"nada" en sentido material, o sea, lo que está sujeto al espacio y al tiempo*) y ésto concuerda perfectamente con La Biblia que nos dice que Dios lo creó a partir de la nada, pero no la nada en absoluto, pues Dios, Espíritu Puro ya era en un principio (*Gen. 1,1*) Él, que es el Ser mismo. (*Ex. 3,4*)

¿FUE EL UNIVERSO VERDADERAMENTE CREADO POR DIOS?

La ciencia actual, con toda certeza, nos dice que el universo empezó en un inmenso flashazo.

La Sagrada Escritura; lo describe así:

"Y Dios dijo: Haya Luz, y hubo luz" (*Gen. 1-3*)

Más concordancias:

La Sabiduría Creadora de Dios.

"Desde la eternidad fui fundada,

Desde el principio antes que el mundo." (*Proverbios. 8,23*)

La Ciencia de la Filosofía nos dice que el "Motor inmóvil" es un ser por sí mismo que originó el ser y el movimiento, anterior a todo y así, no sujeto al espacio ni al tiempo y por lo tanto inmaterial y eterno.

Otra concordancia:

"*Él expande los cielos como un tul*

y los ha desplegado como

una tienda que se habita." (*Isaías 40,22*)

Sabemos que La Biblia no es un libro de ciencia positiva, pero no podemos dejar de maravillarnos cuando es conocido, <u>gracias a la ciencia, que el universo está en expansión</u>.

OTRA:

"*Al ver el cielo, hechura de Tus dedos,*

La Luna y las estrellas que fijaste Tú,

¿Qué es el hombre para que de él te acuerdes?

¿El hijo de Adán para que de él cuides?" (*Salmo 8, 4-5*)

Recordemos, los científicos que sostienen La teoría Antrópica dicen:

"*En Cosmología, el Principio Antrópico establece que cualquier teoría válida sobre el universo tiene que ser consistente con la existencia del ser humano, en otras palabras: Si en el universo se deben verificar ciertas condiciones para nuestra existencia,*

¿FUE EL UNIVERSO VERDADERAMENTE CREADO POR DIOS?

dichas condiciones se verifican, ya que nosotros existimos." (Principio Antrópico. es.m.wikipwdia.org).

Acorde ésto con los que afirman que el universo fue creado especialmente para la humanidad.

OTRA MÁS:

"¿Puedes tú anudar los lazos de las Pléyades o desatar las cuerdas de Orión?

¿Conoces las leyes de los cielos y aplicas su fuero en la Tierra?

A tu orden ¿Los relámpagos parten diciéndote 'aquí estamos'?" (Preguntas de Dios a Job. Jb. 38:31,33 y 35)

Recordemos que cuando hablamos de toda la energía necesaria para crear el universo, descubrimos que sólo un Ser Todopoderoso podría haberlo creado; dadas las proporciones. Un Ser que además mantiene Su Señorío sobre Su creación.

Las siguientes citas Bíblicas iluminan algunos problemas científico-filosóficos que exceden nuestra capacidad de respuesta, ejemplo:

Todos tenemos una ubicación concreta en algún pueblo o ciudad, por ejemplo; la Ciudad de Guadalajara, la cual está en el país México, que a su vez se encuentra en el Continente Americano y éste, a su vez también, en el Planeta Tierra y la misma Tierra se encuentra formando parte del Sistema Solar y el Sistema Solar forma parte de la Vía Láctea; nuestra galaxia y ésta, junto con la galaxia de Andrómeda, la galaxia del Triángulo y unas 30 galaxias más pequeñas, forman el Grupo Local, el cual está contenido dentro del Cúmulo de Virgo y este cúmulo, junto con otros millones de galaxias en otros cúmulos conforman la expansión (como es sabido, el ESPACIO-TIEMPO se va "haciendo" con la expansión universal) Y entonces...

¿¿EN DÓNDE SE EXPANDE EL UNIVERSO??

Al parecer no hay respuesta, pero al escudriñar en los textos Sagrados; dado ya todo lo explicado en esta obra, encontramos una cita que complace el entendimiento de una manera sabia y sencilla; San Pablo nos dice:

"Pues en Él (Dios) vivimos, nos movemos y somos." (*Hechos 17,28*)

Siguiendo con las concordancias, en el Capítulo 1, página 16 de esta obra cuando hablamos de la Muerte Fría del universo y la degradación total de su energía como consecuencia de una expansión que se dará indefinidamente hasta su fin, al ser el universo un sistema abierto, también encontramos los siguientes Textos Bíblicos:

"Alzad a los cielos vuestros ojos y contemplad la Tierra abajo, pues los cielos como humareda se disiparán, la tierra como un vestido se gastará y sus moradores como el mosquito morirán." (Isaías 51,6)

También:

"El cielo y la Tierra pasarán, pero Mis palabras no pasarán" (Mateo 24,35)

Y:

"Pues he aquí que Yo creo cielos nuevos y tierra nueva y no serán mentados los primeros ni vendrán a la memoria." (Isaías 65,17)

Una más:

"Desde antiguo fundaste la Tierra

Y los cielos son obra de Tus Manos,

Ellos perecen más Tú quedas,

Todos ellos como la ropa se desgastan,

Como un vestido los mudas Tú

Y se mudan, pero Tú siempre el mismo,

No tienen fin Tus tiempos." (*Salmo 104, 2 y ss*)

(Insistimos, no buscamos en la Biblia hechos científicos, pero tratándose de las verdades últimas, no podemos dejar de señalar su conformidad)

En el Capítulo 2, página 33 del presente libro, cuando hablamos de la ACCIÓN que produjo LA REACCIÓN QUE ES EL UNIVERSO, aclaramos que la ciencia positiva no puede llegar a esa ACCIÓN, por escapar al campo de la experiencia, es decir, esa ACCIÓN, aunque verdadera, nunca la "veremos."

Hay otra maravillosa concordancia expresada por San Pablo en su Carta a los Hebreos:

"Por la Fe sabemos que el universo fue formado por La Palabra de Dios, de manera que lo que se ve resultase de lo que no aparece." (*Hebreos 11,3*)

Continuemos, en el Capítulo 1, página 10, se menciona que todo empezó en un llamado Big Bang o Gran Explosión en donde iniciaron, al unísono, la ENERGÍA-MATERIA y el ESPACIO-TIEMPO. No podemos dejar de mencionar a San Agustín (Filósofo y Teólogo Cristiano 354-430) uno de los Santos Padres, (Santos Padres: Primeros comentaristas de las Sagradas Escrituras que las interpretan y explican, poniéndolas al alcance del pueblo. Su legado forma

¿FUE EL UNIVERSO VERDADERAMENTE CREADO POR DIOS?

parte de La Tradición, uno de los tres elementos de la Revelación.)

Sorprendentemente, desde el siglo IV, San Agustín nos dice:

"Que el principio de la creación del mundo y el principio de los tiempos es uno y que no es uno antes que otro" *"porque no podía haber antes del mundo algún tiempo pasado."* (*La Ciudad de Dios. San Agustín. Editorial Porrúa, Págs. 291 y 292*)

Tengamos presente que con la Teoría de la Relatividad asumimos el ESPACIO-TIEMPO como una unidad indisoluble, para que se entienda mejor, el espacio es algo así como la "forma" del tiempo, como ya lo han dicho.

También encontramos en el Versículo 2 del Génesis:

"La tierra (entiéndase no nuestro planeta, sino lo que habría de ser posteriormente la materia) era caos y confusión."

En Astrofísica, los especialistas hablan de una singularidad en el primer momento, que significa que las leyes que rigen hoy el universo; Gravedad, Electromagnetismo, Fuerzas Atómicas Fuerte y Débil como las conocemos, todavía no operaban.

Otra concordancia:

La Filosofía Tomista nos dice que para probar la existencia de Dios, debemos inferir en una demostración a posteriori (causa-efecto) a partir de algo concreto, remontándonos hasta la causa última que es un Ser necesario. ("<u>Necesario</u>" en filosofía significa: INAMOVIBLEMENTE CIERTO, SIN EL CUAL NO)

Y la <u>Carta</u> de San Pablo <u>a los Romanos</u> en el <u>Capítulo 1,20</u> nos dice:

"Porque lo invisible de Dios,

Desde la creación del mundo,

Se deja ver a la inteligencia

A través de Sus Obras."

Y en el <u>Libro de la Sabiduría</u>, en la primera parte del <u>Capítulo 13</u>, especialmente en el <u>Versículo 5</u>, se puede leer:

"Pues de la grandeza y hermosura de las creaturas

Se llega, por analogía, a contemplar a Su Autor."

¿FUE EL UNIVERSO VERDADERAMENTE CREADO POR DIOS?

Después de haber visto las anteriores concordancias, también es conveniente mencionar, para nosotros los Católicos, que el Papa Benedicto XVI afirmó: *"Dios estuvo tras el Big Bang"*, dijo; *"El universo no surgió por accidente"* todo ésto lo sostuvo el Papa el Día de la Epifanía, Viernes 7 de Enero de 2011, en un sermón, en la Plaza de San Pedro, ante más de 10,000 personas, además de afirmar que Dios pudo usar también un proceso de evolución natural. (Diario "El Universal", viernes 7 de Enero 2011).

La ciencia actual en su vertiginoso progreso, más y más nos descubre un mundo que revela una organización dirigida buscando siempre un fin, no sólo en la cuestión del inicio del universo, sino también y especialmente en la Bioquímica y en la Genética, tal situación que encaja perfectamente con la acción de un Dios Creador y Organizador de Su universo. Por eso intuimos que la existencia misma de los seres humanos tiene, también como una de sus finalidades, el compartirnos la grandeza de Sus obras a través de esta ventana temporal que es nuestra vida.

El, en otra hora, distanciamiento entre Fe y Ciencia, tras los portentosos logros de ésta última, se ve dramáticamente reducido y si usamos, además la razón haciendo –Filosofía de la Ciencia – esta nueva disciplina, (*tomando como premisas los datos experimentales*), habremos encontrado el medio de su concordancia;

claro, siempre cada una, Ciencia y Religión, en sus respectivos planos, lenguaje e identidades.

RESUMEN:

Ofrecemos un muy breve extracto de lo contenido en este libro para los lectores poco versados en los temas aquí tratados, a modo de que puedan retener, con mayor facilidad, las razones fundamentales de lo aquí concluido.

EL ORIGEN DEL UNIVERSO.

Por la ciencia sabemos que el universo ha empezado en una Gran Explosión (*Big Bang*).

Los grandes Astrónomos: George Lamaitre (*1920*) y Edwin Hubble (*1929*) y el Astro físico George Gamow (*1946*) habían teóricamente explicado, basados en sus observaciones y cálculos; el origen del universo en una Gran Explosión. Gamow había desarrollado, ya formalmente, una teoría físico-matemática, que pronosticaba que la expansión se mantendría indefinidamente. (Hoy se sabe que las más recientes observaciones y los actuales cálculos sobre la densidad crítica (2017) corroboran ésto. https://ciencia.nasa.gov/science-at-nasa/2001/ast03apr_1) *El descubrimiento de la Energía Oscura* en 1998 ¡¡¡que es el 73% del universo!!! Deja hoy descartado cualquier hipótesis de una contracción (*Es preciso actualizarnos en este punto y que el lector en caso de*

¿FUE EL UNIVERSO VERDADERAMENTE CREADO POR DIOS?

querer verificar estos datos, lo haga en fuentes posteriores a 1998, preferentemente del 2010 en adelante en donde ésto ya se concluye claramente).

Ya antes, el matemático ruso, especializado en Cosmología Relativista, Alexander Friedman, en la década de los 20's había prevenido a Albert Einstein de que sus ecuaciones demostraban un universo en expansión, ésto no fue aceptado por Einstein inmediatamente, pues él concebía un universo estático y sin principio, pero cuando Edwin Hubble, en 1929, en su observatorio, muestra a los propios ojos de Einstein, el alejamiento de las galaxias en su corrimiento al rojo (deducido ésto del Efecto Doppler), Einstein renuncia a su creencia en un universo eterno y admite que éste debió tener un comienzo.

La Gran Teoría cobró entonces una forma rigurosa, pero eso no es todo. Gamow pronosticó que si ésto era efectivamente así, el "eco" de la Gran Explosión debía aún permanecer en el espacio.

Por mero accidente, en 1967, dos científicos de la Bell Company: Arno Penzias y Robert Wilson descubren esta radiación. Ellos trabajaban en el uso de antenas para perfeccionar la comunicación vía satélite. El Físico Robert Dicke, quien también buscaba por su cuenta encontrar esta radiación, es el primero en identificarla en el logro de los mencionados Penzias y Wilson a quienes les fue entregado el Premio Nobel de Física por "Su extraordinario descubrimiento."

Por si faltara algo, la NASA (Asociación de Aeronáutica y del espacio lo los EEUU; el máximo centro científico y tecnológico hoy) construyó y lanzó al espacio en 1989 el satélite COBE; un artefacto con refinado equipo de medición y posteriormente los satélites WMAP (*2001*) y PLANCK (*de la Agencia Espacial Europea 2009*) para la comprobación definitiva y éstos cumplen con su misión verificándolo; efectivamente, la radiación en microondas proveniente de todos los rincones del espacio, tal y como se esperaba de acuerdo a las predicciones, es el resto fósil de la Gran Explosión que originó el universo y aún el arranque del tiempo (con la expansión de la materia, a uno se va "haciendo" el espacio-tiempo).

Tras estudios y análisis minuciosos, la noticia es formalmente divulgada en todas las revistas especializadas de ciencia.

Podemos concluir, de acuerdo a los datos de la ciencia positiva, que nuestro universo empezó a partir de una Gran Explosión-Big Bang. ¿En dónde quedó la supuesta "eternidad" de la materia tan pregonada en el siglo XIX y principios del XX? Queda entonces refutada cualquier doctrina de tipo materialista, lo que ya sabíamos por la recta razón. No hay mayor contradicción que una conciencia negándose a sí misma en el materialismo.

¿FUE EL UNIVERSO VERDADERAMENTE CREADO POR DIOS?

El principio de la conservación de la materia, en el que algunos creyeron ver la eternidad de ésta, se refiere a la materia entendida <u>como peso</u> y nace de los experimentos de Lavoisier en 1772. Éste encontró que en todas las reacciones, incluida la combustión, el peso de los compuestos es igual al peso de los componentes, pero el tiempo nos haría saber que las cosas no eran tan simples como entonces se creía, pues se desconocía la más sorprendente de las reacciones; La reacción nuclear. En ésta, bajo el concepto de materia entendida como <u>peso o masa</u>, es imposible comprender lo antes concluido, como ya se explicó al detalle anteriormente, debido al denominado "Defecto de Masa"; esa pequeña energía radiante que se pierde y se fuga en forma de luz al realizarse la fusión atómica. Esta luz, como la del Sol (que es un horno atómico como todas las estrellas) vaga por todo el espacio y si es absorbida por un cuerpo opaco se transforma en calor y éste realiza trabajo, movimiento y/o se enfría, así la concentración de la energía, va desapareciendo muy lenta pero necesariamente, ésto porque el universo ... ¡¡¡SE EXPANDE!!! La energía y el calor "no alcanzan" para mantenerlo estable.

El Big Bang demuestra que <u>EL UNIVERSO TODO es LA REACCIÓN VERIFICADORA DE UNA ACCIÓN (*acción-reacción*) EL EJERCICIO DE UNA VOLUNTAD ACTIVA</u>, y si bien, con la ciencia positiva no podemos estudiar esa acción en sí misma, por trascender nuestra realidad, tampoco podemos negarla y sí afirmarla racionalmente, pues sin ella ... ¡no estaríamos aquí!

----- La ciencia nos dice que el universo; materia-espacio-tiempo, comenzó.

----- Es evidente que de la nada, nada viene, luego, el universo proviene de un Ser más allá de la materia, del espacio y del tiempo. Claro está que esa acción la realizó un SER trascendente de naturaleza distinta.

----- La Biblia nos revela un Dios Espiritual, Trascendente y Todopoderoso que creó el universo.

Además de los dos niveles; Revelación y Razón que siempre nos han descubierto a un creador (*"Porque lo invisible de Dios, desde la creación del mundo, se deja ver a la inteligencia a través de Sus obras."*) (*Rom. 1,20*), encontramos también ahora que la ciencia positiva apunta con rigurosa precisión hacia el mismo hecho.

¿FUE EL UNIVERSO VERDADERAMENTE CREADO POR DIOS?

Haciéndonos eco del gran maestro Manuel García Morente (Lecciones Preliminares de Filosofía. García Morente. Páginas 293 y 294. Editorial Purrúa) al decir que se inicia una nueva era del pensamiento cuando cita a Don José Ortega y Gasset; podemos concluir con el contexto de las palabras de éste; *La proa de los barcos ha virado dando un giro completo y deben navegar ya, como nunca antes en el ámbito del conocimiento, hacia el horizonte de la Divinidad*; *"¡¡DIOS A LA VISTA!!"*

Reconocemos a la razón como la columna inamovible en donde se sustenta el recto pensar, que nos descubre a un *"Dador de movimiento y origen al universo"* y valoramos las confirmaciones que la ciencia positiva nos da en su lenguaje, como hemos visto, de estos hechos.

Concluimos esta investigación con la misma sentencia interrogante, título del presente libro; "¿Fue el universo verdaderamente creado por Dios?" pero ahora de manera afirmativa:

¡¡SÍ, EL UNIVERSO FUE VERDADERAMENTE CREADO POR DIOS!!

LA VERDAD TRASCENDENTE.

He buscado en mi interior, cuestionando mi persona

Y el yo en cuestión es tan frágil, que se esfuma sin aroma,

Pues sólo existe un sustento de la existencia y la forma

Y la energía y la materia están sujetos a Sus normas.

Todo abarca este principio; la sabiduría y el bien,

Su fluir se llama vida, rige lo inerte también.

[1]--En el éxtasis de amor o atrás de la noche oscura

Se le puede presentir--; encontrarlo ¡es la dulzura!

[2]---Más íntimo que nosotros--- como se dijo en un templo,

Su "obsesión" es compartir; la creación es un ejemplo.

¿FUE EL UNIVERSO VERDADERAMENTE CREADO POR DIOS?

Nunca es tarde ni temprano en el destino de un ser,

Pues los sucesos y el tiempo son uno con su querer.

Y ¿Por qué temer la muerte con dolor y sentimiento?

(3)--- Si somos y nos movemos dentro de Su pensamiento--

En toda esta concepción es imposible dudar,

(4)---Pues a través de Sus obras lo podemos comprobar---

(5)---Este Ser todo lo mueve--- el cosmos de Él proviene,

Cuan perfecto es el principio; (6)---de la nada, nada viene--

Ya que al hombre la razón le exige juicios perfectos;

-Dios es causa de las cosas, los seres son sus efectos-

La Filosofía y la Ciencia se encontraron con la Fe

Y en su evolución el hombre retornará a creer.

(1) *San Juan de la Cruz.*
(2) *San Agustín, Obispo de Hipona.*
(3) *San Pablo.*
(4) *San Pablo.*
(5) *Aristóteles.*
(6) *Principio Lógico Universal.*

¿FUE EL UNIVERSO VERDADERAMENTE CREADO POR DIOS?

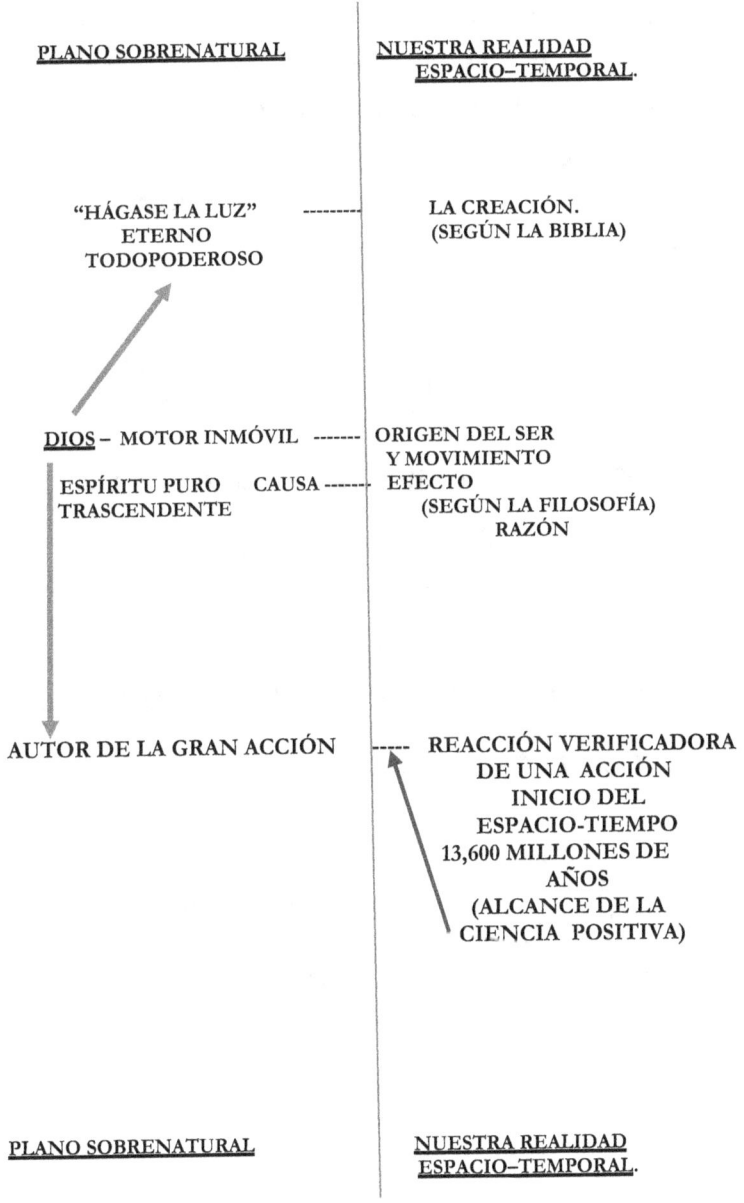

Finalizo las notas de este libro que corresponden al compromiso que adquirí hace ya casi 30 años; de reconocer con honestidad la verdad, que tras las investigaciones encontrara, fuera cual fuera ésta y la expreso a continuación en esta reflexión titulada ¿QUIÉN?

¿QUIÉN?

LA INTUICIÓN MÁS GRANDE QUE SE PUEDE DAR;

LLEGA AL PREGUNTAR;

¿CÓMO ES POSIBLE EL SER? ¿QUIÉN LO PROMUEVE?

¿QUIÉN CON EL ESPACIO Y TIEMPO PUEDE?

¿QUIÉN ANTERIOR A TODO SIEMPRE HA SIDO?

¿QUIÉN TAN OPUESTO A LA NADA? ¡PREGUNTO CONMOVIDO!

¿FUE EL UNIVERSO VERDADERAMENTE CREADO POR DIOS?

¿QUIÉN PUDO DEFINIR LA LUZ Y LAS LEYES EXISTENTES?

¿QUIÉN SEMBRÓ TANTAS ESPECIES Y LAS HIZO DIFERENTES?

¿Y POR QUÉ YO, AL "DESPERTAR",

GRATUITAMENTE ENCUENTRO TODO AHÍ?

¿Y A QUIÉN PRESIENTO TAN DENTRO DE MÍ, CONOCIÉNDOLO TODO

QUE ASÍ EN MI CONCIENCIA MORA DE ALGÚN MODO,

PUES CON INSISTENCIA OIGO SU VOZ?

UNA SOLA ES LA RESPUESTA :

¡DIOS!

BIBLIOGRAFÍA.

Recomendamos estas obras para el lector que quiera profundizar los temas aquí tratados.

---- "Introducción al Método Científico". Raúl Gutiérrez Sáenz. Editorial Esfinge.

---- "El Significado de la Relatividad". Obras Maestras del Pensamiento Contemporáneo. Albert Einstein. Editorial Planeta.

---- "Cien Preguntas Básicas sobre Ciencia". Isaac Asimov. Alianza Editorial.

---- "Relatividad para Principiantes". Shahen Hacyan. La Ciencia desde México #78. Fondo de Cultura Económica.

---- "Espacio, Tiempo y Gravitación" (La Teoría del Big Bang y Los Agujeros Negros) Robert M. Wald. Fondo de Cultura Económica.

---- "Un Universo en Expansión". Luis F. Rodríguez. SEP. Fondo de Cultura Económica.

---- Enciclopedia de la Astronomía y el Espacio. "El Universo" Editorial Planeta De Angostini.

---- "Show Me God. What The Message From Space Is Telling Us About God". Freed Heeren. Day Star Publications.

---- "Estrellas, Cúmulos y Galaxias". Martín M. Rees. Biblioteca Salvat Editores.

---- "Cuasares en los Confines del Universo". Déborah Dultzin. La Ciencia para todos. Fondo de Cultura Económica.

---- Colección de Revistas "Ciencia y Tecnología". CONACYT.

---- "Ciencia, razón y Fe". Mariano Artigas. EUNSA.

---- "Filosofía de la Ciencia". Mariano Artigas. EUNSA.

---- "Historia de las Doctrinas Filosóficas". Raúl Gutiérrez Sáenz. Editorial Esfinge.

---- "Introducción a la Lógica" Raul Gutiérrez Saenz. Editorial Esfinge.

---- "Lógica y Cosmología". Regis Jolivet. Ediciones Carlos Lohlé.

----"Lecciones Preliminares de Filosofía". Manuel García Morente. Editorial Porrúa.

---- "El Pensamiento de Santo Tomás". F. C. Copleston. Fondo de Cultura Económica.

---- "La Filosofía Actual". I. M. Bochenski. Fondo de Cultura Económica.

---- "Diccionario de Filosofía" Walter Brugger. Biblioteca Herder.

---- "La Ciudad de Dios" San Agustín. Editorial Porrúa.

---Biblia de Jerusalén. Editorial Española Descleé de Brouwer, S.A.

ACERCA DEL AUTOR.

El Profesor Alfonso Castillo G. es un prestigiado Profesor de Filosofía y Ciencias que ha impartido las materias de Filosofía de la Ciencia y Filosofía de la Historia por más de 13 años.

Además de ser Filósofo, es también un talentoso músico, pianista y compositor.

En este libro vierte su acervo de conocimientos, tanto de Astronomía y Física como de Filosofía y los confronta con los escritos Bíblicos buscando encontrar el verdadero origen de nuestra realidad.

Comentarios al correo:

ALFONSO CASTILLO G.

alfonsoacastillog@hotmail.es

www.ingramcontent.com/pod-product-compliance
Lightning Source LLC
Chambersburg PA
CBHW030034230526
45472CB00002B/505